# 生命的小世界

熊　凡　陈星桃　宋文雯　著

梦堡文化　绘

上海交通大学出版社
SHANGHAI JIAO TONG UNIVERSITY PRESS

作者团队

熊　凡　中国科学院生物学博士，水生生物研究所特别研究助理。长期致力于动物学、分子生物学、
　　　　基因组学的研究，曾在国内外知名期刊杂志发表多篇高影响力的学术性文章。

陈星桃　中国科学院生物学硕士，专注于动物模型构建、药物的非临床学研究、分子生物学研究。

宋文雯　武汉大学生物学硕士，在校期间的研究领域是生命起源的计算机模拟。

# 序

  21世纪，人类进入了生命科学大发展的时代，生命科学技术从来没有像今天这样深刻地影响着人们的日常生活，它正日益成为国家之间科技竞争的热点，生命科学的启蒙和相关人才的培养也显得尤为重要。

  《生命的小世界》这本书会带领孩子们进入一个神奇而真实的微观世界，它从生命的化学起源说开始，图文并茂地描述了原子、分子、细胞及其内部的生命活动运行机制，内容由浅入深，知识点环环相扣，一幅美妙而生动的生命画卷就此展开，让我们一起遨游其中，探索并享受它带来的无限乐趣吧！

曹文宣

生物学家，中科院院士

# 导读

## 我们是哪里来的？

"妈妈，我是从哪里来的？"

几乎每一位小朋友都问过自己的妈妈这个问题，不过很多妈妈对这个问题的回答也许都比较敷衍。尽管所有的妈妈都知道孩子是自己生的，但实际上，很多妈妈都不知道孩子甚至她自己到底是怎么来的。当然，爸爸也一样。其实，家长们回答不了这个问题很正常，一点也不丢人。自从人类出现在地球上以来，我们对这个问题的好奇心就从来没有停止过。于是，在古代就有了亚当、夏娃的传说，女娲造人的神话等各种创世故事，后来又有了达尔文、拉马克、孟德尔、摩尔根等一批伟大科学家们所提出的物种起源、生物进化和遗传变异等理论。随着科学的不断进步，直到今天，人们才对"我们从哪里来"这个问题有了基本的认识。简单地说，就是"从无机到有机，从微观到宏观，从低等到高等"。如果想要深刻地理解这些东西，则需要掌握很多的生命科学知识，或许更要从微观世界开始学习。

为了让孩子们能在玩耍和快乐当中学到生命科学中微观世界的基本知识，几位受过生命科学良好教育的年轻妈妈编写了这本儿童读物。正因为她们是年轻的妈妈，所以更懂得怎么让孩子在娱乐的同时学习科学知识，所以本书在展现一些先进生命科学知识的同时，增加了许多趣味性的图画。书中所涉及的绝大多数生命物质都是肉眼看不见的，甚至连显微镜和电子显微镜都看不见，但聪明的科学家们通过各种实验，证明它们是真实存在的，而且时时刻刻就在我们的身边，甚至就在我们每一个人的身体内。因此，只有我们懂得它们，认识它们，才能更好地认识自己，更好地认识我们所处的生命世界。不管你将来想成为生命科学家、农业科学家，还是医生或者营养学家，这些基本知识都是非常有用的，也是你必须学习的。

既然如此，来吧，我们现在就去闯一闯生命的小世界吧!

王桂堂

中国科学院水生生物研究所　研究员

中国科学院大学　教授

# 目　录

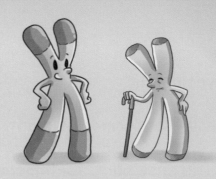

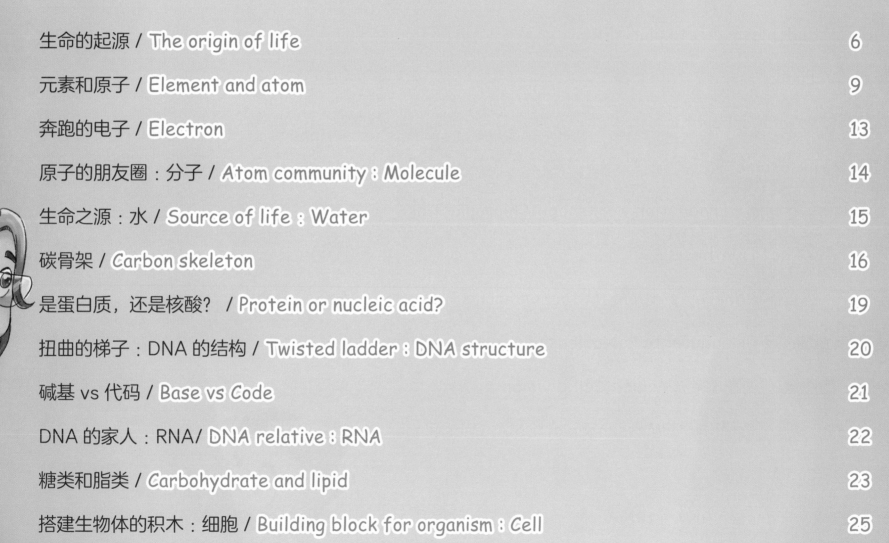

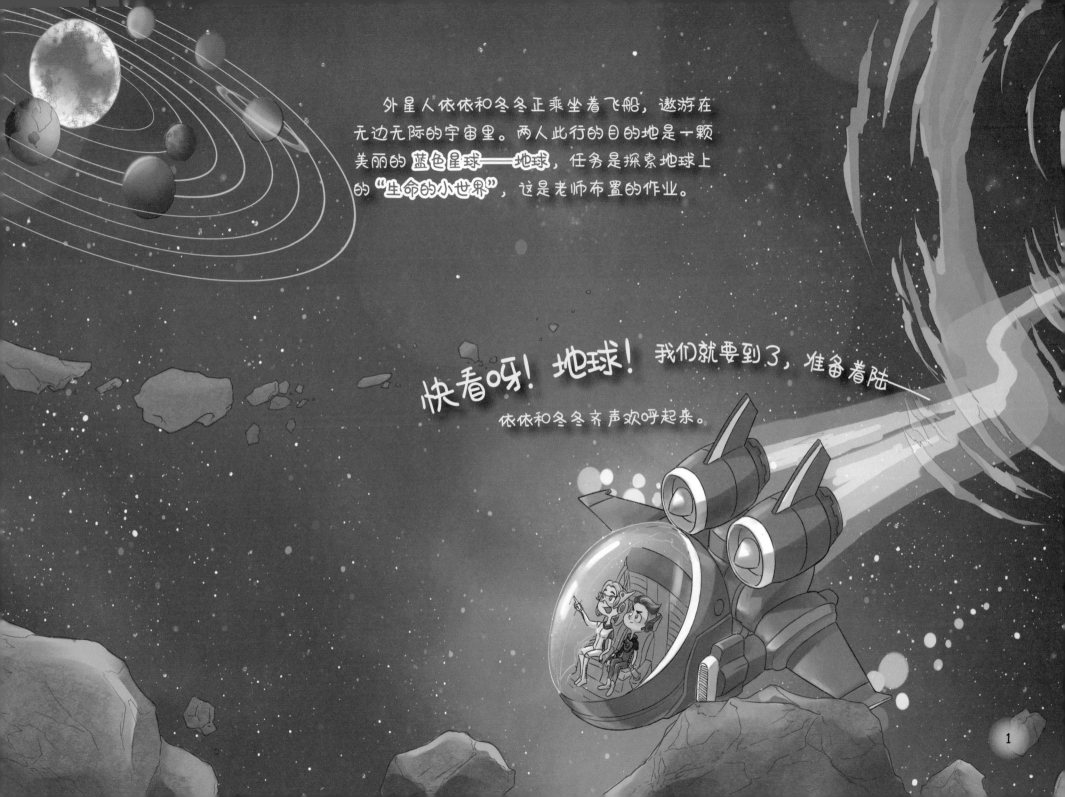

外星人依依和冬冬正乘坐着飞船，遨游在无边无际的宇宙里。两人此行的目的地是一颗美丽的**蓝色星球——地球**，任务是探索地球上的**"生命的小世界"**，这是老师布置的作业。

**快看呀！地球！** 我们就要到了，准备着陆

依依和冬冬齐声欢呼起来。

1

"嘎"的一声，他们就来到了宫殿大门前，门牌上写着八个大字——"地球生命研究基地"

两人推门而入，只见宫殿内空落落的，除了墙壁上 金光闪闪的挂画 之外，什么都没有。就在大家感到 困惑 时，小小探挥了挥手，一个超大的显示屏出现在面前，它又跺了跺脚，无数条闪电般的光线从小小探的眼睛里射出。就在此刻，屏幕上出现了动画信息。

# 生命的起源
## The origin of life

40亿年前，地球上就出现了生命。
地球上的生命是如何诞生的呢？
科学家也不知道，不过，他们提出了一些假说。

6

迄今为止，科学家们发现了118种元素，正是这些元素组成了宇宙中的一切物质，包括地球家园和地球上的生命。

### 💡 构成环境的元素

| 元素存在量的排名 | 1 | 2 | 3 | 4 | 5 | 6 | 7 | 8 | 9 | 10 |
|---|---|---|---|---|---|---|---|---|---|---|
| 海水 | H 氢 | O 氧 | Na 钠 | Cl 氯 | Mg 镁 | S 硫 | K 钾 | Ca 钙 | C 碳 | N 氮 |
| 地球表层 | O 氧 | Si 硅 | H 氢 | Al 铝 | Na 钠 | Ca 钙 | Fe 铁 | Mg 镁 | K 钾 | Ti 钛 |
| 大气 | N 氮 | O 氧 | Ar 氩 | C 碳 | H 氢 | Ne 氖 | He 氦 | Kr 氪 | Xe 氙 | S 硫 |

哪些元素参与了地球生命的组成呢？

组成生物体的主要元素包括 C（碳）、H（氢）、O（氧）、N（氮）、P（磷）、S（硫）、Ca（钙）等，这7种元素占生物体元素含量的99.35%，其中 C、H、O、N 元素总共约占96%。

| 元素存在量的排名 | 1 | 2 | 3 | 4 | 5 | 6 | 7 | 8 | 9 | 10 |
|---|---|---|---|---|---|---|---|---|---|---|
| 生物体 | O 氧 | C 碳 | H 氢 | N 氮 | Ca 钙 | P 磷 | K 钾 | S 硫 | Na 钠 | Cl 氯 |

你们发现了吗？生物体的构成元素和海水的构成元素很多都一样，生命诞生于海洋的假说就是以此为基础提出来的。

碳 (C)

氢 (H)　氮 (N)　氧 (O)

钙 (Ca)、磷 (P)、硫 (S)，等等

元素里的单个个体叫作原子（atom），它的英文本意是"不可分割"。

为什么会给它取这个名字呢？

因为当时的人们没有更先进的工具去拆分原子，以为它是世界上最小的粒子。难道原子真的就不能再拆分了吗？

1897年，物理学家汤姆森（Joseph John Thomson）发现了原子里电子的存在。电子带负电荷，而原子整体是不带电的，那么剩余部分肯定就带正电了，这个假想被他的学生卢瑟福（Ernest Rutherford）证实了。卢瑟福在原子中心发现了一种带正电的粒子，给它取名为质子，再后来他又发现原子中心还存在着另外一种不带电荷的粒子，取名为中子。至此，原子的结构就清晰了：原子的中心有一个原子核，由质子和中子组成，原子核外有电子，电子绕着原子核快速转动。所以原子的大部分空间是空的！

如果把原子核比作足球场中心的一个足球，那么，剩下的空间就都是电子的运动地盘啦！

## 你们知道吗？

原子一直循环着，就像周游世界一样。比如，你头发中的某个氧原子可能曾经属于你家菜园里的一颗青菜，更早之前，它可能来自你曾去看过的那片大海。

碳原子（C）　氢原子（H）　氧原子（O）　氮原子（N）　磷原子（P）　硫原子（S）　钙原子（Ca）

铀原子（U）

电子　质子　中子

我们通过质子的数量来判断原子属于哪种元素。比如，有1个质子的原子统称为氢元素，有8个质子的原子统称为氧元素。所以，在原子的王国里，质子的权力最大，原子属于哪种元素由它说了算。

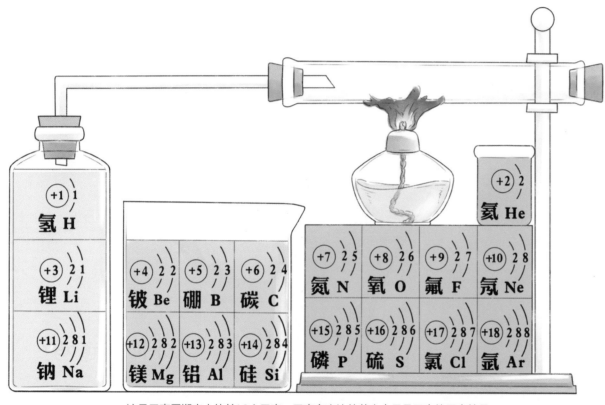

这是元素周期表中的前18个元素，元素名旁边的英文字母是元素的元素符号

氢元素：我只有1个质子，我是最轻的元素，也是宇宙中含量最多的元素。太阳的光和热，就是我的原子核聚变时释放的能量。

碳元素：我有6个质子，你们应该经常听说过我的名字吧！铅笔芯和钻石都是由我组成的，可是它们同种不同命。由于碳原子的组合方式不同，它们的个性完全不同，铅笔芯是深灰色的且质地软，钻石是透明的且非常坚硬。

硫元素：我有16个质子，我又被称为硫磺，许多含有我的物质会散发出臭鸡蛋的气味。

钙元素：我有20个质子，我是动物中含量最高的金属元素，主要存在于骨骼中。

……

自然界中的元素实在太多了，记起来很不方便，所以，俄国化学家门捷列夫（Dmitri Mendeleev）专门将它们根据所含质子数的多少进行了排序，这就是元素周期表。

# 奔跑的电子
## Electron

电子绕着原子核开心地奔跑着，从而形成了球壳一样的电子云，我们把电子的跑步轨迹称为电子层。电子层从内到外有好几层，不过，每个电子都有自己的级别，只能在自己的电子层上跑。从距离原子核最近的层开始向外，依次被称为K层、L层、M层、N层……为什么电子层的命名是从K开始，而不是从A开始的呢？这是因为最先发现K层的科学家并不能确定这层就是最里面的一层，如果以后人们发现了比K层还靠里面的电子层，就可以用K前面的字母来命名啦。

不知道每个电子层可以容纳多少个电子？

这位科学家考虑得真周到呢！

电子吸收能量，能量水平增加

电子释放能量，能量水平降低

N M L K 核

K层能容纳2个电子、L层能容纳8个电子、M层能容纳18个电子、N层能容纳32个电子，后面的电子层能容纳的电子数，依此类推。

最外层的电子是调皮的外交官，电子数很少时，就喜欢跑出去玩；电子数为4个左右时，就喜欢和别的原子的电子搭伙玩；电子数太多时，就喜欢从别的原子那里拉几个电子过来玩；当最外层电子数刚好是8个的时候，它就知足了，自己跟自己玩，懒得跟别人交流。

电子还有个特点，当它吸收能量后（比如光能），就能克服原子核的吸引力，跳到更外层的电子层上，还有可能逃离出去，成为一个自由的电子，最终被另一个原子所接受。

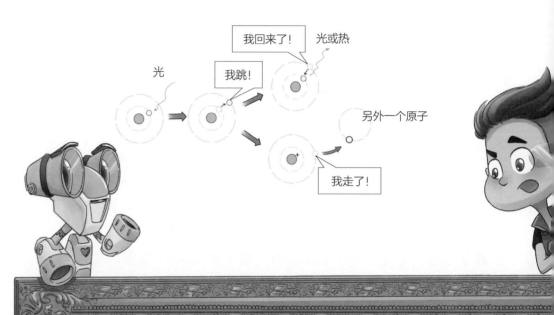

我回来了！　光或热

我跳！

光

另外一个原子

我走了！

原子一旦失去电子，或是得到电子，它就带电啦！失去电子的原子带正电（+），得到电子的原子带负电（-）。比如，厨房里的食盐，它的主要成分氯化钠就是通过氯原子（Cl）带走钠原子（Na）最外层的1个电子，使得Cl变成了$Cl^-$，Na变成了$Na^+$。根据异种电荷相互吸引的原则，两者相互吸引形成了氯化钠（NaCl）。

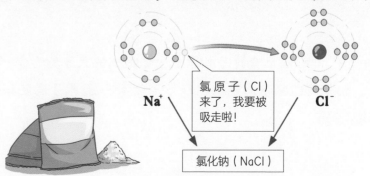

$Na^+$

氯原子（Cl）来了，我要被吸走啦！

$Cl^-$

氯化钠（NaCl）

氯原子和钠原子牵手成为了好朋友！

13

很多原子都喜欢交朋友，原子除了通过得失电子来让自己带上电吸引朋友以外，还能和别的原子互相分享电子，来结交朋友，"你拿出1个，我拿出1个，咱们挨紧点，一起共同拥有这对电子。"就像这样：

原子通过共享电子对而聚集成的"朋友圈"，称作**分子**。

常见的分子有：水分子（$H_2O$）、氧气分子（$O_2$）、二氧化碳分子（$CO_2$）、甲烷分子（$CH_4$）。

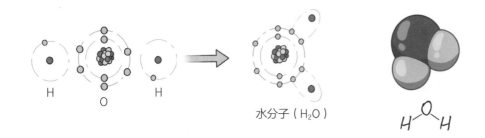

像"$H_2O$"这种由元素符号和原子个数组成的式子称作**分子式**。在分子里，原子构造的空间结构称作**分子结构**，而原子间的相互作用力称作**化学键**。

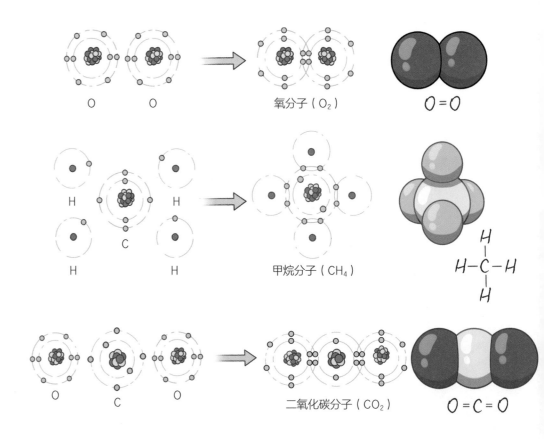

不同的分子具有不同的空间结构，有的分子是直线形的，有的分子是"V"形的，还有三角锥形、四面体和八面体。分子之间存在着吸引力，当我们用力拉扯衣服、或是掰断树枝时，就能感受到；同时，分子之间也存在着排斥力，当我们用力踩地面、或是挤压某段气体时，也能感受到。

# 生命之源：水
## Source of life：Water

地球四分之三的表面都覆盖着水，这么多的水来自哪里呢？有人认为水本来就储存在原始地球的内部，伴随着板块活动和火山爆发慢慢地涌向地面；还有人认为在原始地球上，曾经下了一场持续了上百万年的雨，原始海洋就是这样形成的。你认为地球上的水来自哪里呢？在生命的化学起源说里，生命是在水中诞生的，有了水，才有了地球生命。无论如何，地球生命始终都离不开水。

一滴水，它由无数个水分子组成，无数个到底是多少个呢？如果全世界的人同时来数，几千年才能数完。氢气在氧气中燃烧能够生成水，水又可以重新被电解成氢气和氧气，通过测量氢气和氧气的体积，我们发现一个水分子是由1个氧原子和2个氢原子构成的，氧原子与2个氢原子之间各有一根化学键，两个化学键排成"V"字形。

氢键
氢键
氢键

水分子间可以形成氢键！

连接水分子的氢键：
与氢原子相比，氧原子吸引电子的能力更强，因此电子对更靠近氧原子。这样，氧原子的一端就形成负极（-），氢原子的一端则形成正极（+），在水分子之间，就会产生一种较弱的相互作用力（H…O），这就是氢键。无数个水分子通过氢键聚集在一起就组成了清澈的流水，氢键可以连续地断开和形成。

# 碳骨架
## Carbon skeleton

是哪些分子这么幸运，参与了
地球生命的搭建呢？

除了水分子以外，主要还有**蛋白质分子**、**核酸分子（DNA 和 RNA）**、**脂类分子**和**糖类分子**，这四种分子都是很大的分子，而且都含有许多碳原子。

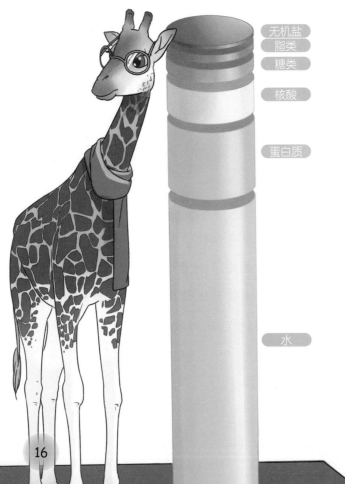

- 无机盐
- 脂类
- 糖类
- 核酸
- 蛋白质
- 水

碳原子的最外层电子层上有4个电子。如果原子的最外层电子数为4个左右，那么它就喜欢和别的原子的电子搭伙玩，碳原子就是这样组建朋友圈的。碳原子之间能连接成如火车一样的长链，也能连成甜甜圈一样的环，还可以连成树枝一样的分支形状，科学家称这些结构为**碳骨架**（Carbon skeleton），碳原子就像骨骼一样支撑着生物分子的世界，因此，地球生命又被称为碳基生命（Carbon-based life）。

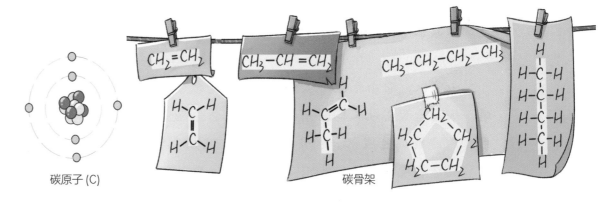

碳原子 (C)　　　　　　　　　　碳骨架

## 在碳骨架上还会连接一些常见的原子团：

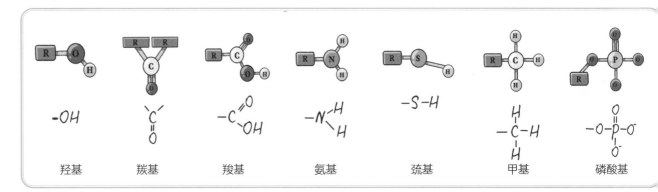

| 羟基 | 羰基 | 羧基 | 氨基 | 巯基 | 甲基 | 磷酸基 |
| --- | --- | --- | --- | --- | --- | --- |

这四种主要的生物大分子，都长什么样呢？

提到蛋白质，你会想到什么？牛奶、鸡蛋、肉类食物，对！它们都含有许多蛋白质。头发和指甲、蚕宝宝吐的蚕丝、墙角的蜘蛛网、暖和的羊毛，这些都是由蛋白质构成的。蛋白质究竟是什么呢？

蛋白质是由称为氨基酸的小分子连接而成的，天然氨基酸有20种，它们能按照不同的顺序连接出一条长长的氨基酸链（又称多肽链），再由一条或几条氨基酸链折叠出具有三维空间结构的大分子，这就是蛋白质了。

## 氨基酸的分子结构：

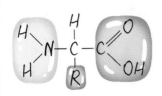

碳原子位于中心，其上连接着羧基、氨基、氢原子和 R 基团（氢原子或任意原子团），20种氨基酸之间的唯一区别就在于 R 基团的不同。

氨基酸链就像火车一样，而氨基酸分子就是其中的一节节车厢

氨基酸链：

| Arg |—| Pro |—| Pro |—| Gly |—| Phe |—| Ser |—| Pro |—| Phe |—| Arg |

这20种氨基酸搭建出了一个庞大的蛋白质家族，想一想，它们都有什么本领？在生物体里会承担哪些职责呢？

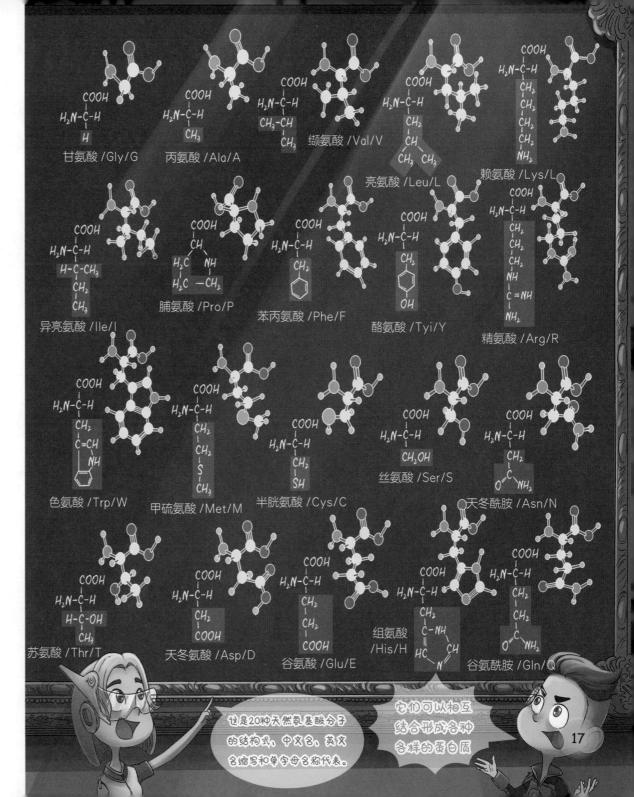

甘氨酸 /Gly/G　丙氨酸 /Ala/A　缬氨酸 /Val/V

亮氨酸 /Leu/L　赖氨酸 /Lys/L

异亮氨酸 /Ile/I　脯氨酸 /Pro/P　苯丙氨酸 /Phe/F　酪氨酸 /Tyi/Y　精氨酸 /Arg/R

色氨酸 /Trp/W　甲硫氨酸 /Met/M　半胱氨酸 /Cys/C　丝氨酸 /Ser/S　天冬酰胺 /Asn/N

苏氨酸 /Thr/T　天冬氨酸 /Asp/D　谷氨酸 /Glu/E　组氨酸 /His/H　谷氨酰胺 /Gln/Q

这是20种天然氨基酸分子的结构式、中文名、英文名缩写和单字母名称代表。

它们可以相互结合形成各种各样的蛋白质

17

汽车的结构让汽车可以在道路上行驶，飞机的结构让飞机可以在空中飞行，房子的结构让房子适宜人类居住。同理，蛋白质的结构也决定了蛋白质的功能，哪怕一丁点结构的变形，都可能彻底毁掉这个"分子机器人"。比如，血红蛋白的结构让它能高效地结合和释放氧气；南极鱼体内的抗冻蛋白的结构让它能结合到冰晶表面，防止冰晶扩大而阻塞毛细血管；深海古生菌内的抗高温蛋白的结构使它在80℃～90℃时还能保持较高的生物活性。

蛋白质的空间结构是由什么决定的呢？

主要是由氨基酸链的氨基酸序列决定。那么，氨基酸序列的信息又来自哪里呢？

多肽链···AIEVKLANMEAEINTLKSKLELTNKLHAFSM···KFFVTN···AVCEEF

多肽链卷曲或折叠形成的结构

多肽链进一步盘绕、卷曲、折叠出更复杂的结构

蛋白质

# 是蛋白质，还是核酸？
## Protein or nucleic acid?

在生命的分子世界里，蛋白质将各种本领集于一身。因此，科学家都以为蛋白质就是遗传物质，直到核酸的出现。

核酸是否是遗传物质？

对于这个问题，细菌学家艾弗里（Oswald Avery）的登场，给了大家一个清晰的答案。

你看过《蜘蛛侠》这部电影吗？蜘蛛侠曾经只是一个普通人类，某次他被蜘蛛咬了之后，由于某种神秘物质注入到了他的体内，从而赋予了他超能力并使他成为了蜘蛛侠。虽然我们知道这个故事是编造的，但是在生物界确实也存在类似的现象，科学家对这方面的研究来自于一个称作细菌转化的实验。细菌转化的意思是：一个细菌吸收了另一个细菌的遗传物质后，获得了后者的遗传特征。

1944年，为了寻找导致细菌转化的物质，艾弗里做了一个实验：肺炎双球菌分为R型和S型，其中S型是致死的。他从S型菌中分别提取了蛋白质、核酸等物质，并将它们分别加入R型菌中。他惊喜地发现，只有加入核酸时，R型菌才能转化成致死的S型菌，而且这种转化的结果可以遗传给后代。这项实验，第一次证明了生物的遗传物质是核酸，而不是蛋白质。

什么是遗传物质？

遗传物质是亲代与子代之间传递遗传信息的物质。遗传信息包括生物体的模样和特点，比如：人类的身高、肤色、酒窝等。

**拓展知识**

为了纪念艾弗里的突出贡献，1976年，国际天文联合会正式将月球上的一座环形山命名为艾弗里环形山。

19

# 扭曲的梯子：DNA 的结构
## Twisted ladder : DNA structure

核酸是由许多称作核苷酸的小分子聚合而成的一种大分子。生物体内有两种核酸，一种是脱氧核糖核酸（DNA），另一种是核糖核酸（RNA）

在艾弗里的实验里所用的核酸是哪种呢？

是 DNA，让我们一起来看看 DNA 的真实模样吧！

DNA 看起来像一个扭曲的梯子，梯子由名字称作脱氧核糖核苷酸的分子们聚合而成，每个核苷酸包含一个五碳糖、一个磷酸和一个碱基。五碳糖和磷酸组成梯子两侧的边，连接在五碳糖上的碱基与另一边的碱基连接形成横档。

### 脱氧核糖核苷酸的碱基有四种，它们分别是：

腺嘌呤（adenine），简称为 A

鸟嘌呤（guanine），简称为 G

胸腺嘧啶（thymine），简称为 T

胞嘧啶（cytosine），简称为 C

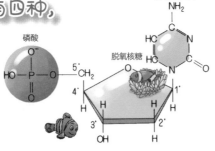

脱氧核糖核苷酸（它组成了 DNA）

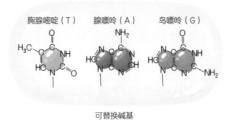

可替换碱基

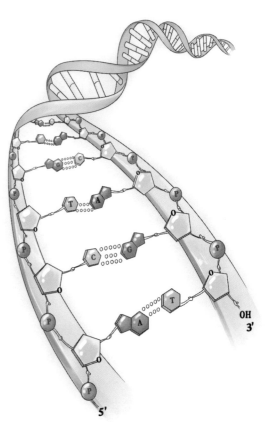

碱基之间就像扣子和扣眼一样，可以通过氢键连接。A 总是与 T 配对连接，C 总是与 G 配对连接。与谁配对受碱基长度的影响，A 和 T 连在一起的长度，与 C 和 G 连在一起的长度是一样的，长度相同的横档使得梯子非常平滑，没有凹凸不平的地方。

数百万个核苷酸分子通过碱基之间的互补配对，连接出一条长长的梯子，然后梯子扭曲成螺旋状，就形成一个扭曲的梯子，这就是 DNA 的双螺旋结构。

核酸链的形成过程是从5'端向3'端进行的，所以按照5'向3'方向读写核酸的序列，这段核酸链可读写为5' ACTGTA 3'。

# 碱基 vs 代码
## Base vs Code

虽然 DNA 的碱基只有4种，只组成了4种核苷酸，但所有的遗传信息都靠这4种核苷酸记录在 DNA 里。

DNA 上的碱基不是以相同的顺序重复排列，相反，它们会改变顺序，从而编排出各种各样的"代码"。如果你看一段 DNA，你可能会读到一行这样顺序的遗传信息"代码"：

CTGCTTAGCTAGAGCAGTCGAGCCTCGC

就像电脑的程序代码告诉电脑做什么一样，DNA 代码告诉我们生物体要做什么，告诉我们的身体如何运行，决定我们的模样和特点。

这些由碱基编排的"代码"就像文字一样，书写着遗传信息的内容。

拓展知识

DNA 的序列可以用 DNA 测序仪测定出。人类的全部 DNA 分子总和大约有31亿个 bp(bp, 碱基对)，最长的 DNA 分子长度为250Mb(Mb，百万碱基对)，最短的 DNA 分子长度为55Mb。

# DNA 的家人：RNA
## RNA/ DNA relative : RNA

核酸包括 DNA 和 RNA。RNA 的长相和 DNA 十分相似，两者的唯一区别是：五碳糖上的一个氧原子。RNA 含有这个氧原子，而 DNA 没有。正是这个氧原子的存在，使得 RNA 的稳定性远远不如 DNA，RNA 通常需要在 -80℃ 的低温下保存。DNA 的碱基有 4 种，RNA 的碱基也有 4 种：A、U（尿嘧啶）、G、C。RNA 的碱基没有 T，A 是与 U 配对的。

这是由许多个核苷酸分子聚合成的一条 RNA。

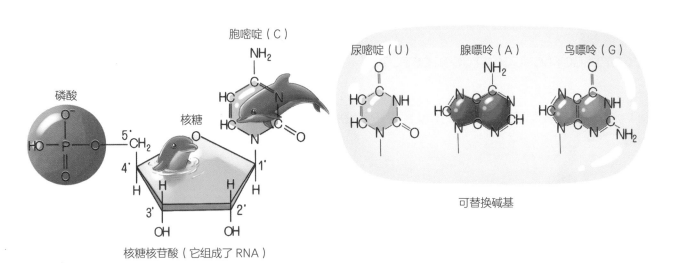

磷酸

胞嘧啶（C）

核糖

核糖核苷酸（它组成了 RNA）

尿嘧啶（U）　腺嘌呤（A）　鸟嘌呤（G）

可替换碱基

虽然 RNA 和 DNA 长相相似，但是两者形成的三维结构却非常不同，DNA 通常形成双螺旋结构，而 RNA 通常以单链的形式出现。一条 RNA 链能与一条互补的 RNA 链配对，或是与一条互补的 DNA 链配对，一条 RNA 链还可以在分子内部发生许多折叠，从而形成各种结构。结构决定功能，因此，RNA 拥有许多本领呢！它们在生物体内发挥着重要的作用，科学家们还在不断地对各种 RNA 分子进行研究。

# 糖类和脂类
## Carbohydrate and lipid

"不给糖就捣蛋！"在西方国家的万圣节里，孩子们会兴高采烈地去要糖果；在中国，每逢家有喜事，糖也会作为礼品之一赠送给客人；平日里，孩子们也会开心地互相分享糖果。糖究竟是什么呢？

糖果里的糖一般分为蔗糖和麦芽糖。顾名思义，蔗糖主要来自甘蔗，而麦芽糖来自麦芽，它们都是由2个更小的糖类分子聚合而成的，蔗糖由1个葡萄糖分子连接1个果糖分子而形成，麦芽糖由2个葡萄糖分子连接形成。

葡萄糖和果糖的分子式完全一样，都是 $C_6H_{12}O_6$，只是原子的排列方式即分子的结构不同。它们都是单糖，单糖就是不能再被水解成更小的糖类的分子。

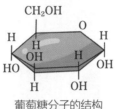

葡萄糖分子的结构　　　　葡萄糖分子的球棍模型　　　　果糖分子的结构

构成核苷酸的戊糖也是单糖，又称为核糖。

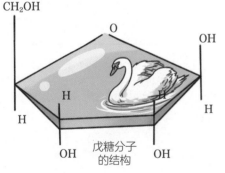

戊糖分子的结构

成百上千个单糖聚合而成的大分子称为多糖，淀粉和纤维素都是由葡萄糖聚合而成的多糖，它们就是葡萄糖的聚合体。

就像汽油的燃烧给汽车带来动力一样，糖类给生物体带来动力！当生物体需要能量时，糖类会被分解，就像汽油的燃烧一样，从而为生物体提供能量。

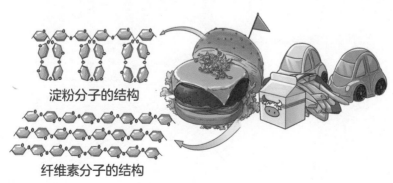

淀粉分子的结构

纤维素分子的结构

像橄榄油、玉米油、花生油这些食用油，都属于脂类，动物身上的脂肪也属于脂类。脂类究竟是什么呢？

脂类也是一种大分子，和糖类一样，它也是细胞内重要的能源分子，而且存储的能量大大高于糖类。多余的糖类会以脂类的形式先存储起来，在能源供给上，脂类是能源贮备的大仓库呢。

脂类有一个非常明显的特点，你们猜猜看是什么？

碗里的油会浮在水上，水落在天鹅羽毛上会形成水珠，水珠会在翅膀拍打时滑落而去，这些现象都告诉我们脂类对水具有排斥作用，也就是说脂类不溶于水。因此，脂类还常常覆盖在生物体的表面形成保护，比如，羽毛、果实皮的表面等。

24

# 搭建生物体的积木：细胞
## Building block for organism : Cell

池塘里游来游去的小蝌蚪、树上的知了、路边欣欣向荣的小草，这些是和我们经常见面的小生物。还有许多我们没见过的生物，它们在哪里呢？从高山上的雪豹到深海底的古菌，几乎到处都有生命的存在，现今绝大部分的生命体生活在地面以上100米到水面以下200米的空间内。在生命的探索历史中，人们刻苦钻研，乐此不疲。

1838年，
植物学家马提亚·施莱登（Matthias Schleiden）发现所有的植物都是由细胞构成的。

1839年，
动物学家西奥多·施旺（Theodor Schwann）发现细胞
是所有生物体的基本组成单位。

1958年，
医学家鲁道夫·魏尔肖（Rudolf Virchow）发现，新细胞由已存在的细胞分裂产生，许多细胞可以一起构成生物体，一个细胞也可以是独立的生物体。

科学家们对地球生命的普遍认识是：除病毒以外，所有的生物体都是由细胞构成的。

当一个细胞就是一个完整的生物体时，称为单细胞生物。植物和动物都是由许多细胞构成的，称为多细胞生物。

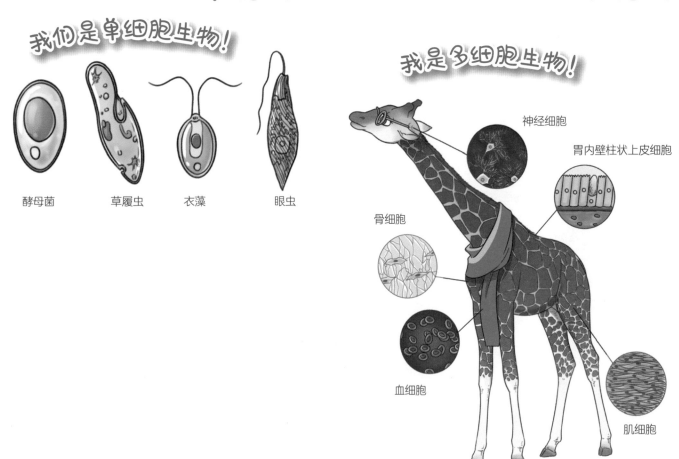

我们是单细胞生物！

酵母菌　　　草履虫　　　衣藻　　　眼虫

我是多细胞生物！

神经细胞

胃内壁柱状上皮细胞

骨细胞

血细胞

肌细胞

细胞的形状多种多样，大小也各不相同，大多数细胞都很小，直径为1~100微米，人们只有通过显微镜才能看到它们。

根据内部结构的不同，细胞大致可以分为两类：

真核细胞（eukaryotic cell）

原核细胞（prokaryotic cell）

真核细胞较大，平均直径一般在3~100微米；原核细胞较小，平均直径一般在1~10微米。

1毫米(mm)=1 000微米(μm)=1 000 000纳米(nm)

植物、动物的细胞都是真核细胞，让我们一起来看看真核细胞的样子吧！

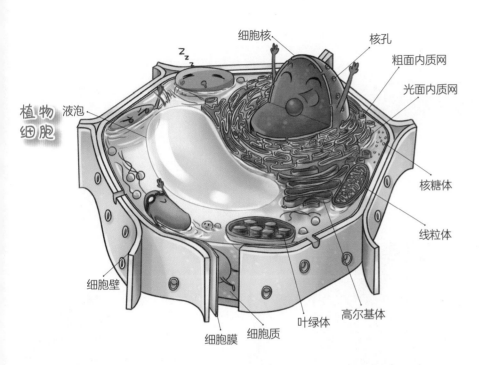

植物细胞

液泡

细胞核
核孔
粗面内质网
光面内质网
核糖体
线粒体

细胞壁
细胞膜
细胞质
叶绿体
高尔基体

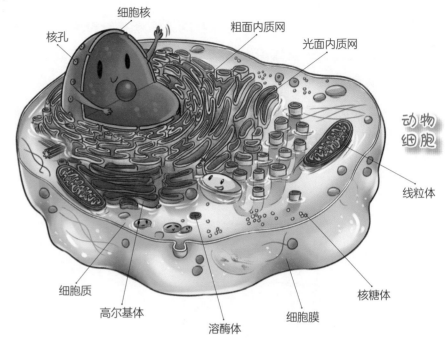

动物细胞

细胞核
核孔
粗面内质网
光面内质网
线粒体
核糖体
细胞膜
溶酶体
高尔基体
细胞质

植物细胞和动物细胞都有的细胞器是：细胞膜、内质网、高尔基体、线粒体、核糖体、细胞核。

我发现植物细胞有细胞壁和叶绿体，而动物细胞则没有。

我发现植物细胞有一个大液泡，动物细胞也没有呢。

这些细胞器都有什么功能呢？

让我们开启真核细胞之旅吧！

# 植物细胞的盔甲：细胞壁
## Armor of plant cell : Cell wall

首先许多葡萄糖分子聚合成纤维素，纤维素再构成微纤丝，然后微纤丝编织成网状，这就是细胞壁了。细胞壁上还含有果胶，帮助连接相邻的细胞壁。

细胞壁是植物细胞最外面的一层物质，它的主要成分是**纤维素**，纤维素也是木材的主要成分。

细胞壁就像植物细胞的盔甲一样，可以**保护植物细胞**。

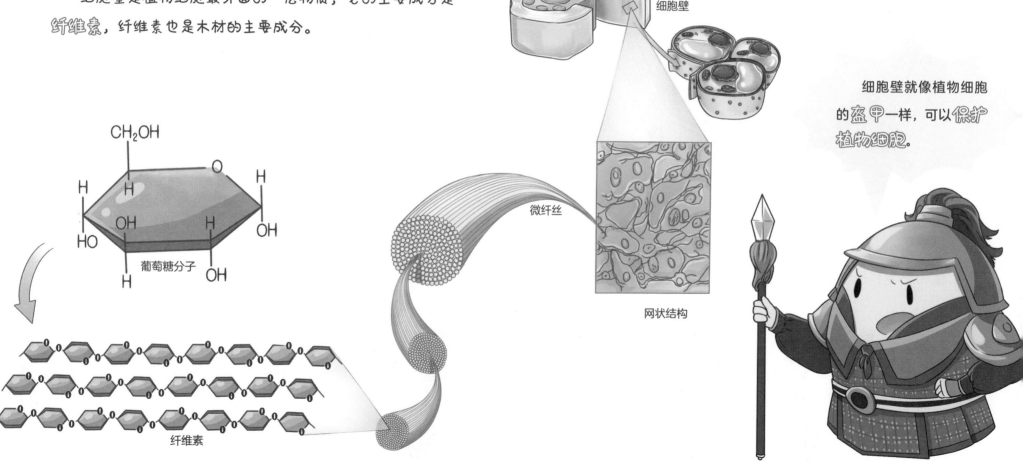

CH₂OH

葡萄糖分子

纤维素

微纤丝

细胞壁

网状结构

# 防御部：细胞膜
## Defense part : Cell membrane

植物细胞壁再往里，有一层薄薄的膜，这就是**细胞膜**；动物细胞没有细胞壁，动物细胞最外层就是细胞膜。

细胞膜的厚度为7~8纳米，将8 000片细胞膜叠放在一起的厚度与一页纸的厚度差不多。

细胞膜

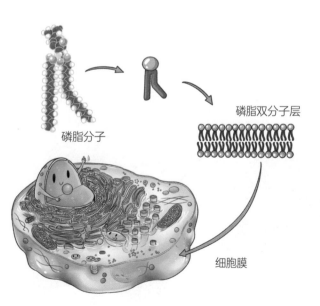

我有8 000片细胞膜叠起来那么厚哦

薄薄的细胞膜是由哪些分子组成的呢？

一个多世纪以来，科学家们一直在探索细胞膜的组成。1895年，英国科学家查尔斯·奥弗顿（Charles Overton）发现脂类分子更容易穿过细胞膜，于是他推测，细胞膜是由脂类分子组成的。直到20年后，科学家们才第一次把细胞膜从细胞中分离出来，确认了细胞膜的主要成分就是**磷脂和蛋白质**。

磷脂分子

磷脂双分子层

细胞膜

1毫米(mm)=1 000微米(μm)=1 000 000纳米(nm)

## 细胞膜的结构是这样的：

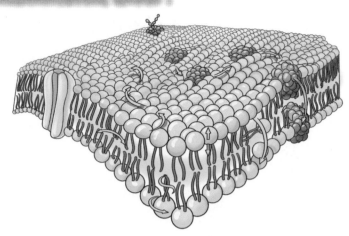

构成细胞膜的磷脂分子是含有磷酸基团的脂类。磷酸的一端亲水，脂肪酸的一端排斥水。亲水端朝向胞内外的水溶液，排斥水的一端就位于双分子层的内侧，这样就形成了一个双分子层样式的细胞膜，膜上还镶嵌着许多不同功能的蛋白质。细胞膜具有一定的流动性，磷脂和蛋白质的位置不完全固定，它们可以流动、翻转。

那个顶着一对触角像蜗牛一样的东西是什么呀？

那有可能是糖类和蛋白质结合形成的糖蛋白，它有**识别细胞外来物质**的功能呢！

$O_2$、$H_2O$、$CO_2$等小分子自由出入细胞：

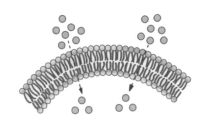

蛋白质、多糖等大分子通过胞吞和胞吐方式出入细胞：

葡萄糖、氨基酸等体积稍大的分子在膜上蛋白质的协助下出入细胞：

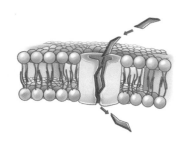

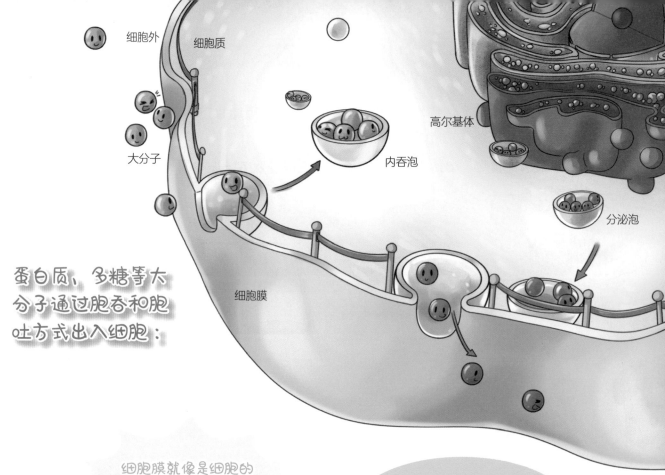

细胞外

细胞质

高尔基体

大分子

内吞泡

分泌泡

细胞膜

细胞膜就像是细胞的防御部，细胞膜上的蛋白质就像是哨兵。

是啊，这些分子就像是来往的人们，在哨兵的监控下打卡进出呢！

在生命起源的过程中，细胞膜的出现是非常关键的一步。细胞膜将具有生命的活细胞与非生命环境分隔开来，同时，它还控制着细胞内外所有物质的出入。

# 内质网
## Endoplasmic reticulum, ER

内质网是由膜连接而成的**网状管道系统**，在蛋白质的合成和运输方面起重要的协助作用。内质网分为糙面和光面两种，糙面内质网表面有许多颗粒状的**核糖体**，核糖体（ribosome）是合成蛋白质的场所；光面内质网表面光滑，没有核糖体附着，几乎是全部**脂类**的合成场所。

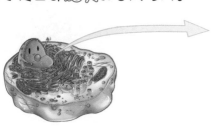
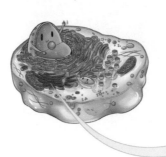

# 高尔基体
## Golgi apparatus

高尔基体由扁平的膜囊组成，它将蛋白质和脂类集中起来，派送到细胞中的特定位置。

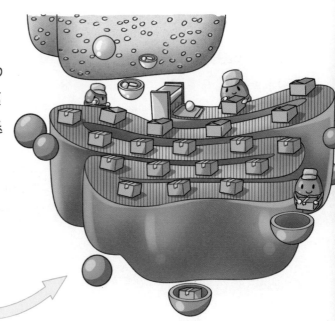

# 液泡
## Vacuole

液泡是植物细胞储存养分的地方。

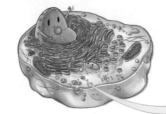

# 溶酶体
## Lysosome

溶酶体由高尔基体断裂产生，是动物细胞分解大分子的地方。

31

# 生产车间：叶绿体
## Production workshop : Chloroplastid

植物细胞中有一种叫作**叶绿体**的细胞器，它利用光能把二氧化碳和水转变成葡萄糖。叶绿体主要分布在叶片的叶肉细胞中，一个叶肉细胞内含有许多个叶绿体。

我就是叶绿体！

## 叶绿体和叶绿素：

叶绿体的外形像一个凸透镜，它由双层膜包裹，膜内有许多被称为**基粒**的结构，就像是摞起的硬币。这些"硬币"叫作类囊体，它们也是由膜围成的。另外，基粒之间还充满着液态的基质（水、蛋白质等）。

把一个类囊体放大，会发现膜上有许多色素分子和蛋白质，色素分子主要有叶绿素、类胡萝卜素等。色素分子具有吸收太阳光能的本领，它们中的叶绿素分子最厉害，它是由卟啉环与叶醇一起构成的，并依靠叶醇的侧链插入并固定在类囊体膜上。

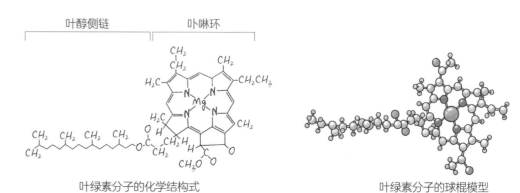

叶绿素分子的化学结构式

叶绿素分子的球棍模型

叶绿体制造出来的葡萄糖既是构建细胞本身的原材料，也是为生命活动提供能量的物质。

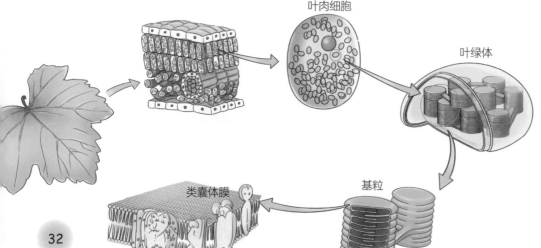

叶肉细胞

叶绿体

基粒

类囊体膜

$6CO_2 + 6H_2O \longrightarrow C_6H_{12}O_6 + 6O_2$

把二氧化碳和水变成葡萄糖，这是叶绿体特有的魔法。

魔法的名字叫作光合作用。

32

# 光合作用
## Photosynthesis

当阳光照在叶片上时，其它颜色的光都被吸收了，唯独大部分的绿光还有黄光没被吸收而被反射出来，于是我们看见的叶片是绿色的。

被吸收的光去了哪里呢？

光首先被叶绿体内的色素分子们捕获，然后全部传递给位于特定位置的叶绿素。叶绿素接受光能后，其中心的镁原子会迅速释放出电子，这样，太阳的光能就转变成了电能，从而启动了光合作用的发生，最后生产出了葡萄糖。这就像电风扇接上电源后叶片就开始转动一样，叶绿体就好比是生产葡萄糖的小机器。

光能转化为电能，电子在许多蛋白质中传递，最后抵达NADP⁺，然后与周围的H⁺一起形成新的分子NADPH，它在后面会参与到葡萄糖的制造。

光
电子
e⁻
叶绿素
光子
NADP⁺
NADPH
色素分子

叶绿素释放电子后，他们是如何重新得到电子并复原的呢？

失去电子的叶绿素具有很强的夺电子能力，一些电子可以被重新夺回来。除此之外，在不远处还有另外一些叶绿素分子，它们释放的电子也可以经由蛋白质传递过来。

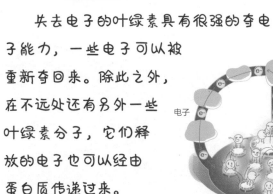

电子
叶绿素
光
光子
色素分子

后面这些失去电子的叶绿素如何重新获得电子呢？它们能促使身旁的水分子（$H_2O$）裂解并释放出电子，这些电子正好可以填补自己的电子空缺。

$$2NADP^+ + 2H_2O \longrightarrow 2NADPH + 2H^+ + O_2$$

叶绿体在阳光下直接**分解水并释放氧气（$O_2$）**的这个过程称为**希尔反应**（Hill Reaction）。

CO₂

H₂O

光

NADP⁺

Calvin 循环

葡萄糖

NADPH

O₂

空气中的 CO₂ 通过叶片下表皮的气孔进入叶肉细胞，来到叶绿体基质中，在这里，NADPH 会在一个叫卡尔文循环的过程中被消耗，同时将 CO₂ 转变为葡萄糖。

# 能量站：线粒体
## Energy station : Mitochondrion

植物通过光合作用制造葡萄糖，而动物通过进食来获取营养。动物食物中的糖类、蛋白质、脂肪等经消化后，变成葡萄糖、氨基酸、脂肪酸等小分子，它们再通过血液循环运送到细胞。

就像汽油的燃烧给汽车带来动力一样，细胞内的糖类给细胞带来动力。当细胞需要能量时，**糖类分子**会在一个称作**线粒体**的细胞器内被分解，同时，产生能量货币ATP，为细胞提供能量。这个过程被称为细胞呼吸 (cell respiration)，用以下方程式来表示：

$$C_6H_{12}O_6（葡萄糖）+6O_2 \rightarrow 6CO_2+6H_2O+能量（ATP+热量）$$

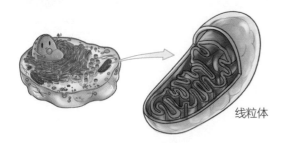

线粒体

线粒体由内外两层膜构成，外膜平整，内膜向内有很多凸起，就像迷宫一样。内膜上存在着许多参与细胞呼吸的分子，大量**ATP分子**就在此处生成。

ATP是什么？为什么它能成为细胞内的能量货币？

ATP的中文名为腺苷三磷酸，它由1个腺嘌呤、1个核糖、3个磷酸构成，它的分子结构如下图所示。ATP有2个高能磷酸键，磷酸键非常脆弱，很容易断裂，1个磷酸键断裂后生成ADP，同时释放出能量。ADP的磷酸键还可以进一步断裂，形成AMP并释放出能量。

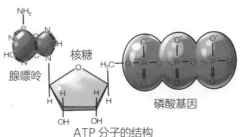

腺嘌呤　核糖　磷酸基因

ATP分子的结构

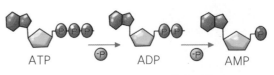

ATP　ADP　AMP

ATP释放能量的过程

细胞呼吸与汽车燃烧汽油产生动能很相似，其本质是一样的。食物分子是细胞的"汽油"，通过燃烧消耗$O_2$，释放出能量和$CO_2$。

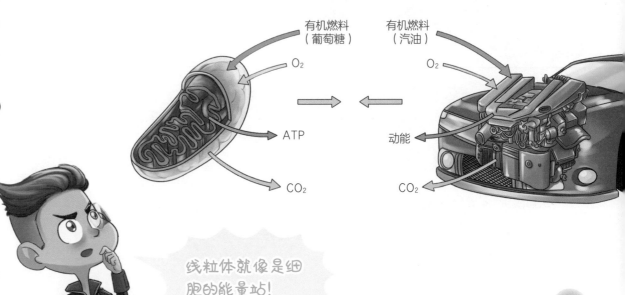

有机燃料（葡萄糖）　有机燃料（汽油）

$O_2$　　$O_2$

ATP　　动能

$CO_2$　　$CO_2$

线粒体就像是细胞的能量站！

# 司令部：细胞核
## Headquarter : Nucleus

每个真核细胞的中心都有一个由细胞膜包裹的结构——细胞核，遗传物质 DNA 就住在这里。

细胞核的结构是这样的：

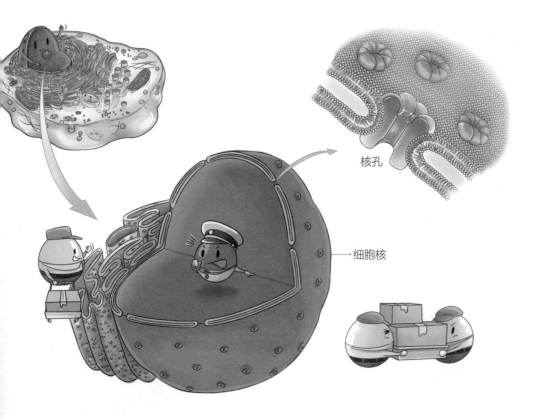

核孔

细胞核

细胞核具有双层膜，膜之间间隔为20~40纳米，外层膜可以延伸并与内质网相连，膜上有很多核孔（直径约为100纳米）。蛋白质和 RNA 可通过核孔进出细胞核。

DNA 像是一个运筹帷幄的总司令，它的四种核苷酸分子像分子语言一样编写着各种各样的指令信息。

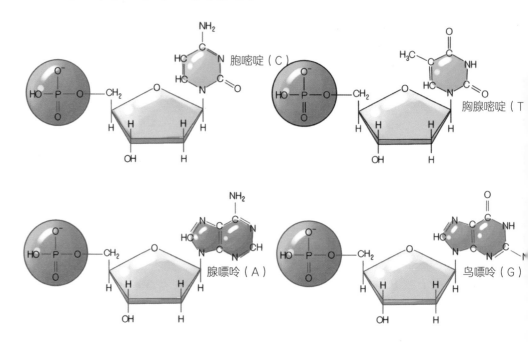

胞嘧啶（C）

胸腺嘧啶（T）

腺嘌呤（A）

鸟嘌呤（G）

*1毫米 =1 000微米 =1 000 000纳米

# 一变二的魔法：细胞分裂
## Magic : Cell division

生命体的长大离不开细胞数量的增多。

细胞通过吸取周围的营养物质，合成自身的新分子从而长大。当细胞长大到一定体积，就会停止生长或者开始分裂，比如，神经细胞长大后就不再分裂，而皮肤的表皮细胞长大后就会开始分裂。绝大多数细胞都和表皮细胞一样，具有分裂的能力：1个细胞通过分裂形成2个细胞，2个细胞继续分裂形成4个细胞，4个细胞继续分裂形成8个细胞……细胞数量一直这样增加着，但是细胞不会无限分裂，一个细胞一般分裂50~60次就不再分裂了。

细胞是怎样分裂成两个细胞的？

细胞要分裂成两个新的细胞，意味着细胞的所有组分，包括DNA、蛋白质、糖类、脂类等，都要备有2份。细胞准备分裂前，首先会进行DNA的复制，形成2套一模一样的DNA。分裂时，两个新生细胞各得一套，以确保生物体特征的稳定。

孙悟空能变出许多孙猴子，是因为他的师傅教会了他七十二般变化。DNA一变二，难道DNA也会魔法吗？是的，DNA的魔法就是酶。这些酶是一些蛋白质，DNA就是在酶的帮助下顺利完成了复制，让我们一起来看看吧！

## DNA 的复制过程：

在 DNA 复制的开始，一个称作解旋酶的蛋白质解开碱基之间的氢键，DNA 的双螺旋就此打开。接着一个称作 DNA 聚合酶的蛋白质，将散落在周围的核苷酸，以 DNA 单链为模板，按照碱基互补配对的原则，聚合出一条新的核酸链，这样 DNA 的复制就完成了。因为核酸链的聚合方向是从5'端向3'端进行的，所以两条新核酸链的合成方式不完全一样，一条是连续合成的，另一条是不连续合成的，后者还需要引物酶和 DNA 连接酶的帮助。

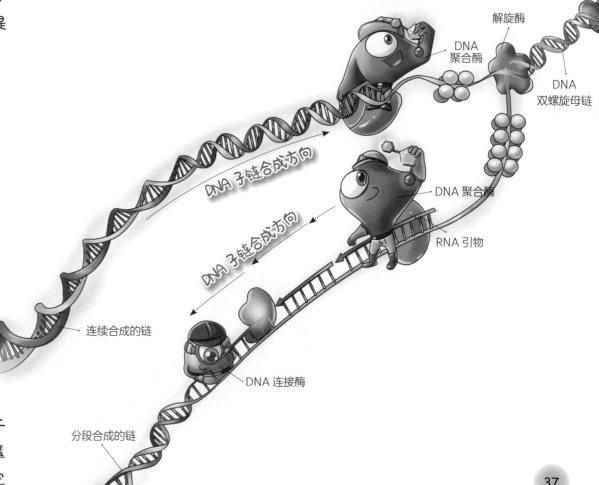

解旋酶

DNA 聚合酶

DNA 双螺旋母链

DNA 子链合成方向

DNA 聚合酶

RNA 引物

DNA 子链合成方向

连续合成的链

DNA 连接酶

分段合成的链

在真核细胞里，DNA 与蛋白质组成**染色质**的形态存在于细胞核内，染色质可以被苏木精等染料染上颜色而得此名。在细胞准备分裂时，线形的染色质会聚缩成高度螺旋的状态，我们称之为**染色体**。

每种生物的染色体数目都是恒定的。比如，人的体细胞内有46条染色体，每两条排列成一对，总共有23对。每对染色体中，一条来自母亲，另一条来自父亲，其中 X、Y 染色体决定了性别。如果细胞内有一对 XX 染色体，那就是女孩；如果有一对 XY 染色体，那就是男孩。

人类体细胞的23对染色体

| | | | | | |
|---|---|---|---|---|---|
| 1 | 2 | 3 | | 4 | 5 |
| 6 | 7 | 8 | 9 | 10 | 11 | 12 |
| 13 | 14 | 15 | | 16 | 17 | 18 |
| 19 | 20 | 21 | 22 | XX 女 | XY 男 |

## 拓展知识

染色质和染色体是同一种物质，只是形态不同，染色质是伸展状态的染色体。当细胞准备分裂时，染色质就会不断聚缩形成高度螺旋的状态，变成一个个可以数得清楚的条状染色体，方便分配到两个新的细胞中。

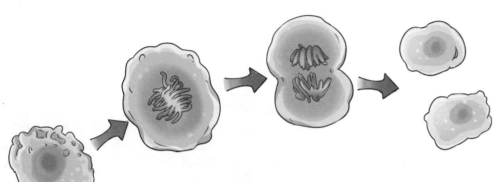

分裂过程需要多长时间？

动、植物细胞的整个分裂过程大约需要20个小时。

分裂前的细胞非常忙碌，除了进行DNA的复制，还需要合成各种各样的分子，为分裂做好充足的准备，就像"十月怀胎一朝分娩"。分裂时，复制好的两套DNA分子彼此分开，向细胞的两极移动，然后细胞核分裂，细胞质分裂，最后形成2个新的细胞。

**拓展知识**

端粒：

　　在染色体的末端有一个称为"端粒"的结构，细胞每分裂一次，端粒便会缩短一截，端粒与细胞衰老之间有着密切的关系，也就是说，它跟生物体的寿命有关。

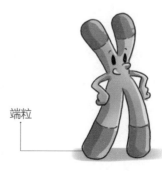

端粒

# DNA 的传令兵：信使 RNA
## Messenger of DNA : Messenger RNA, mRNA

DNA 住在细胞核内，又不能离开细胞核，它是怎样控制生命活动的呢？

细胞内有一类 RNA，它们以 DNA 为模板，按照碱基互补配对原则（A 和 U 配对，C 和 T 配对）合成，从而将 DNA 分子上的遗传信息转移到自己的分子里，这类 RNA 被叫作信使 RNA（mRNA），信使 RNA 从核孔出细胞核。

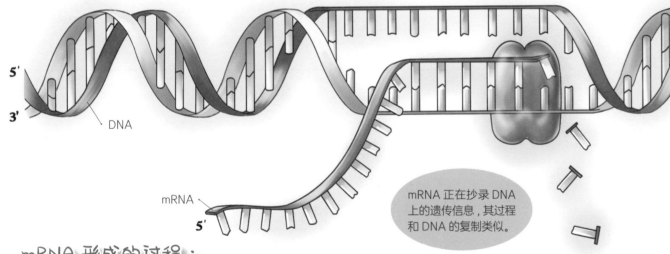

5'
3'
DNA

mRNA
5'

mRNA 正在抄录 DNA 上的遗传信息，其过程和 DNA 的复制类似。

mRNA

## mRNA 形成的过程：

DNA 先局部解开成两条单链，在起点上有一段被称为启动子的 DNA 序列，它能被 RNA 聚合酶识别，游离的核糖核苷酸与 DNA 单链上的碱基配对，在 RNA 聚合酶的作用下连接并延伸成链，当 RNA 聚合酶行驶到具有终止信号的 DNA 序列时，RNA 链便从 DNA 单链上解离下来，这个过程就是遗传信息的转录（transcription）。mRNA 真像是总司令 DNA 的传令兵！

# 密码子
## Codon

mRNA 藏着抄录的遗传信息。mRNA 离开细胞核后，要将遗传信息传递给谁？又是怎样传递的呢？

RNA 的4种碱基可以组合出64种密码子。

看，它们对应着一个个氨基酸呢！

人们跟踪发现，mRNA 离开细胞核后，便开始指导氨基酸链的合成。

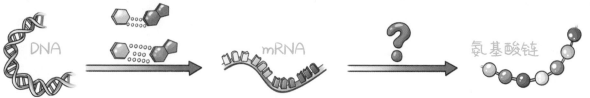

DNA → mRNA → ? → 氨基酸链

mRNA 上的3个核苷酸决定氨基酸链上的1个氨基酸，这3个核苷酸上的三联体碱基被称为**密码子** (codon)。

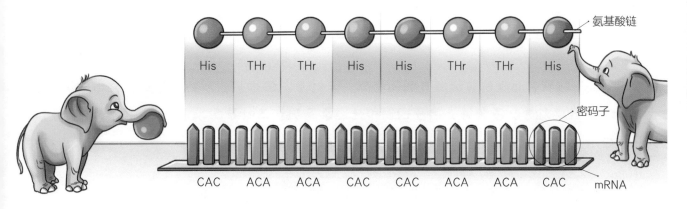

| | U | C | A | G | |
|---|---|---|---|---|---|
| U | UUU UUC 苯丙氨酸 Phe<br>UUA UUG 亮氨酸 Leu | UCU UCC UCA UCG 丝氨酸 Ser | UAU UAC 酪氨酸 Tyr<br>UAA UAG 终止密码 | UGU UGC 半胱氨酸 Cys<br>UGA 终止密码<br>UGG 色氨酸 Trp | U C A G |
| C | CUU CUC CUA CUG 亮氨酸 Leu | CCU CCC CCA CCG 脯氨酸 Pro | CAU CAC 组氨酸 His<br>CAA CAG 谷氨酰胺 Gin | CGU CGC CGA CGG 精氨酸 Arg | U C A G |
| A | AUU AUC AUA 异亮氨酸 Lle<br>AUG 甲硫氨酸 Met (起始密码) | ACU ACC ACA ACG 苏氨酸 Thr | AAU AAC 天冬酰胺 Asn<br>AAA AAG 赖氨酸 Lys | AGU AGC 丝氨酸 Ser<br>AGA AGG 精氨酸 Arg | U C A G |
| G | GUU GUC GUA GUG 缬氨酸 Val | GCU GCC GCA GCG 丙氨酸 Ala | GAU GAC 天冬氨酸 Asp<br>GAA GAG 谷氨酸 Glu | GGU GGC GGA GGG 甘氨酸 Gly | U C A G |

氨基酸链

His  THr  THr  His  His  THr  THr  His

密码子

CAC  ACA  ACA  CAC  CAC  ACA  ACA  CAC    mRNA

"氨基酸链的氨基酸序列信息又是从哪里获取的呢？"你还记得这个问题吗？原来，是核酸上的密码子序列决定了氨基酸链的氨基酸序列。

如果把 DNA 比作是一本记录遗传信息的书，那上面的"文字"便是由三个碱基按顺序排成，遗传信息看起来应该是这样的：

……CAC ACA ACA CAC CAC ACA ACA CAC……

氨基酸臂

合成氨基酸链时，还有另一种 RNA 分子会帮忙运来氨基酸，我们称之为**转运 RNA**（transfer RNA，tRNA）。tRNA 最顶端的环上有反密码子，为什么称为反密码子呢？因为它和密码子是好朋友，可以和自己对应的密码子配对，通过密码子和反密码子的配对识别，这样 DNA 上的核苷酸顺序就能变成氨基酸链的氨基酸顺序啦！

tRNA 由约80个核苷酸聚合而成的核酸链自我折叠成"三叶草"的形状，双链像叶柄，突出的3个环像是三片小叶子。叶柄称为氨基酸臂，用于识别和托运氨基酸。三叶草的顶端叶子称为反密码子环，反密码子就位于此环上。

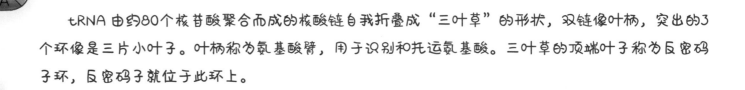

反密码子环

mRNA

氨基酸链的合成具体是在细胞质的哪里进行的呢？

在核糖体上。核糖体是一个蛋白质合成机器，它由大亚基和小亚基组成，其上有3个结合位点：A位点、P位点、E位点。当 mRNA 从细胞核出来后，核糖体便凑过来，一场精彩的遗传信息传递接力赛开始了！

大亚基
氨基酸
肽键

tRNA

mRNA
小亚基

终止密码子

## 氨基酸链的合成过程：

核糖体的小亚基首先找到 mRNA 上的起始密码子，tRNA 托运着氨基酸迅速地进入到 P 位点上，它的反密码子刚好是起始密码子的好朋友。随后，核糖体大亚基也结合上来，第二个 tRNA 托运着氨基酸进入 A 位点，两个氨基酸牵手连接，第一个 tRNA 松开了氨基酸，换到 E 位点，又松开密码子，空手离开了。连接着氨基酸链的 tRNA 从 A 位点换到 P 位点，空出来的 A 位点被下一个 tRNA 占上，就这样，不断重复上面的步骤，进行氨基酸链的延伸。离开的 tRNA 也不闲着，它们会再次寻找各自的氨基酸，将它们带到这里来。

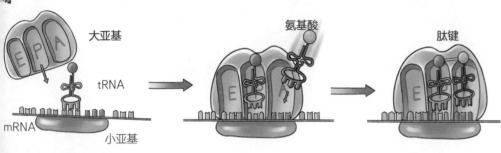

当终止密码子出现在 A 位点，占座的 tRNA 变成了一个懒惰的家伙，根本没有带氨基酸过来，于是氨基酸链的延长终止了。氨基酸链、tRNA、核糖体的大小亚基都解散，mRNA 也解体为核苷酸分子。

以上就是氨基酸链的合成过程，又称为遗传信息的翻译（translation）。

氨基酸链的合成过程很像跳长绳，一个接着一个跳，跳出一条长长的氨基酸链，再由一条或几条氨基酸链折叠出具有三维空间的结构，这就是蛋白质了。

一条氨基酸链的合成速度非常快，平均不到1分钟。为了提高效率，还可以同时跳，mRNA能同时和多个核糖体结合，同时进行氨基酸链的合成。

氨基酸链合成以后，会在内质网和高尔基体进行加工，蛋白质自带一段有定位功能的氨基酸序列，并在这段序列的带领下，到达自己的岗位并执行任务。有的蛋白质会留在细胞内发挥作用，有的成为细胞膜表面站岗的哨兵，有的作为信号物质转移到别的地方，每种蛋白质都有自己的任务，这些任务构成了生命小世界里的日常生活。

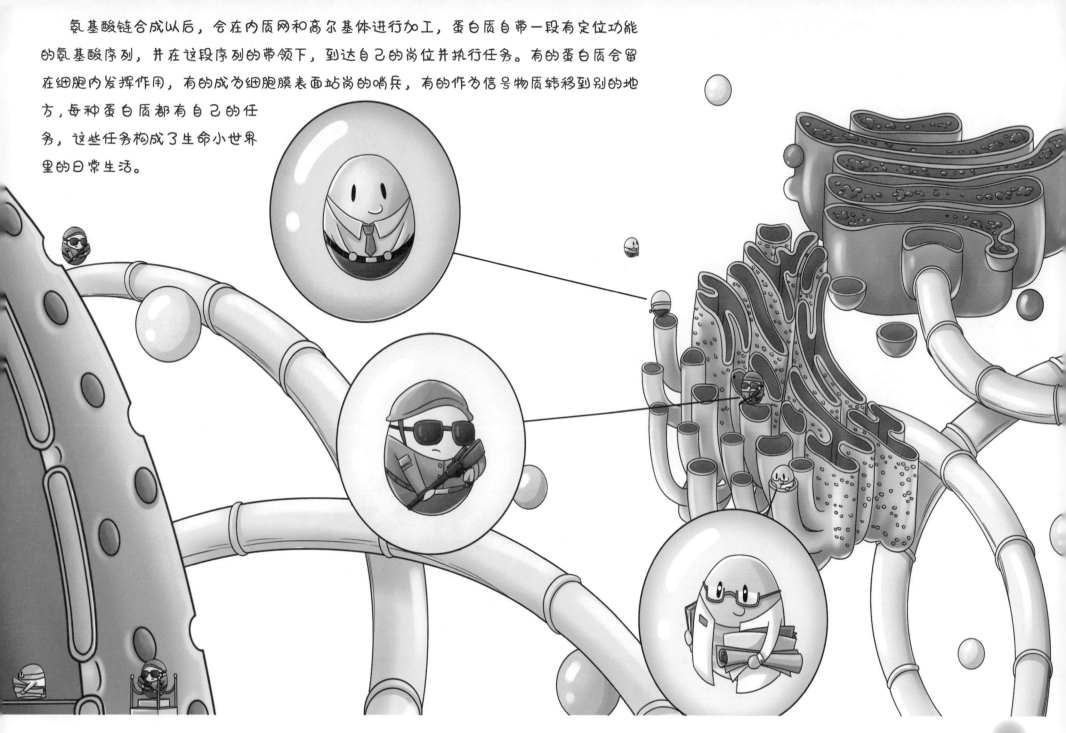

产生一条氨基酸链所需要的DNA片段，被称为一个基因（gene）。遗传信息经"DNA—RNA—蛋白质"的流动，整个过程被称为基因表达。

DNA是细胞里的总司令，负责下达指令，告诉细胞该生产哪种蛋白质，等蛋白质合成好了之后，就由蛋白质去执行任务。所以，细胞里处处都有蛋白质忙碌的身影，它们很像是一个个分子机器人，每一个都有自己擅长的本领，它们一起铸就了一个无所不能的蛋白质家族！

从这里我们能看出，DNA并不会亲自去做事情，它都是指挥蛋白质去做，DNA作为遗传物质，控制着所有蛋白质的合成，从而完成生命活动，这真是一项伟大的工程！

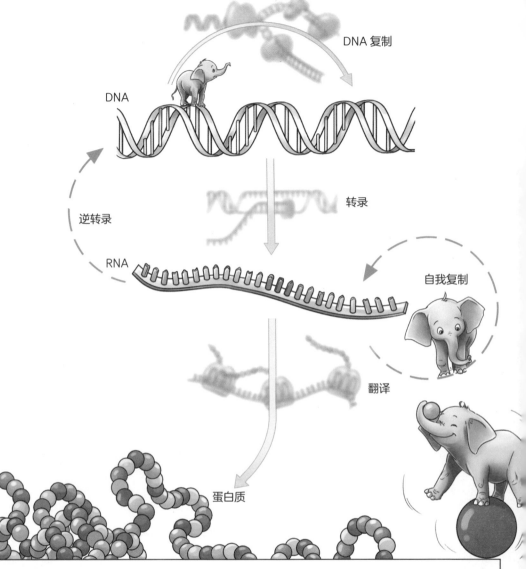

DNA复制

DNA

逆转录

转录

RNA

自我复制

翻译

蛋白质

拓展知识

知道人类的细胞内有多少基因吗？

大约有24000个，这么多基因，它们时时刻刻都在向细胞发送着指令，而负责执行指令的蛋白质应该是细胞里最忙碌的分子了吧！如果一个密码子就是一个文字，这些DNA分子便是一本有着十亿字的巨著，里面记载着生、老、病、死的所有秘密。在这本巨著里，还有个奇怪的现象，并不是所有DNA序列都会被执行，相反，被执行的序列只占总内容的1.5%，剩余98.5%的序列是不被执行的，其中的奥秘，等着你去发现！

## 基因突变：

核酸序列发生变化，称之为基因突变。基因突变可能会改变蛋白质的结构与功能，比如参与编码血红蛋白的某个密码子从GAA变成了GUA，使得谷氨酸变成了缬氨酸，从而引起血红蛋白的结构和功能发生了改变，血红蛋白从正常的圆盘形变成了镰刀状，这使得血液变得黏稠，在毛细血管中聚集形成栓塞，导致肾功能衰竭和心血管及脑血管障碍性贫血。

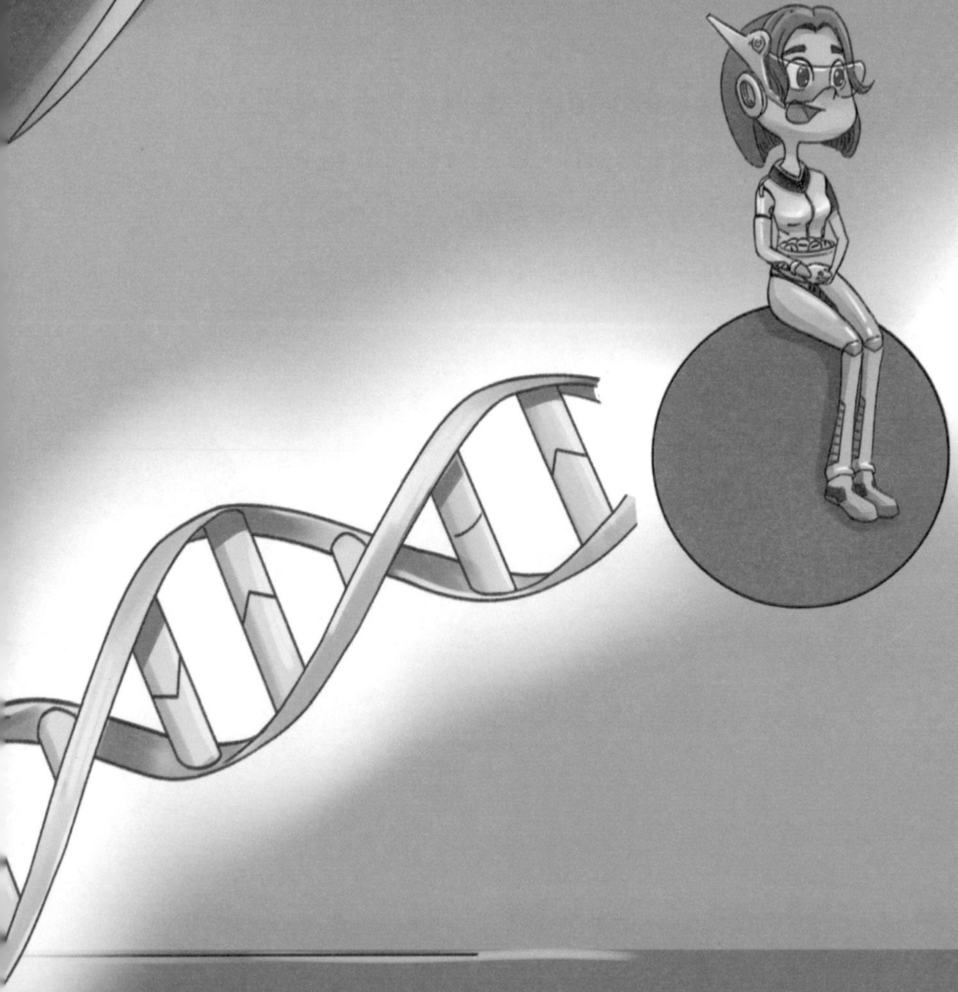

严重的突变会导致生物个体的死亡。例如，肿瘤的发生就与一些控制细胞生长和分裂的基因突变有密切的关系。细胞中的肿瘤抑制基因是一种编码抑制肿瘤形成的基因，该基因如果发生突变则会致癌。

基因突变的原因多种多样，除了DNA复制错误导致的突变以外，一些外界因素，比如一些化学诱变剂、紫外线、电离辐射等都会诱导基因突变或损伤的发生。

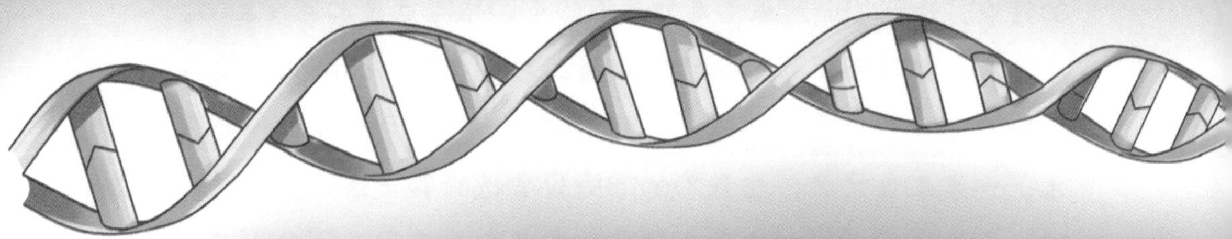

## 基因编辑：

科学家能对细胞内的基因进行删改，就像图书编辑员删改文字一样，这就是基因编辑。一种名为"CRISPR-Cas9"的基因编辑技术，可以较为精确地改变基因，在此技术上做出杰出贡献的两位女科学家，埃马纽卡埃尔·卡彭蒂耶（Emmanuelle Charpentier）和珍妮弗·安妮·道德纳（Jennifer A. Doudna），还因此获得了2020年的诺贝尔化学奖。

# 遗传信息的传递
## Transmission of genetic information

遗传信息是如何
传递给子孙后代
的呢？

"龙生九子，各有不同。"就算是亲兄弟之间，也会有各自不同的特点，让我们一起来看看这些不同点和相同点是如何发生的。

以人类为例，我们的父母都有23对染色体，而我们的染色体正是由这些染色体混合而成。在我们的每一对染色体中，一半来自母亲，一半来自父亲，而我们的细胞只会选择其一来进行表达，于是独一无二的我们就这样产生了。当你长大后有了自己的小孩，你染色体的一半和伴侣染色体的一半将一起组成你小孩的染色体，这就是遗传信息在家族中代代相传的方式。

## 拓展知识

两个特殊的细胞：

卵细胞和精细胞的染色体数量比较特殊，都减半了，只有23条。卵细胞产生于女性子宫附近的卵巢内，它会在输卵管与来自男性的精细胞相遇，它俩会拿出自己的23条染色体并融合在一起，这就重新组合出了23对染色体，受精卵就形成了。地球上的人类都是从一颗小小的受精卵发育而来的。

# 细胞社会的语言：信号分子
The language of cellular Society : Signal molecule

多细胞生物就像是一个井然有序的细胞社会，每个细胞都不是孤立的，都与环境保持通讯联系。细胞之间最常用的通信方式是分泌信号分子 (signaling molecule)。

细胞分泌的信号分子可以对自己发挥作用，
也可以扩散到邻近的细胞发挥作用，
还可以通过血液运送到其他目的细胞发挥作用。

信号分子就像是细胞们的语言。

细胞在说话！

哈哈哈哈哈哈哈

50

细菌是单细胞生物，一个细菌就是一个细胞，所以它们很小，只有在显微镜下才能看见。细菌有各种各样形状的，有球状的、杆状的、螺旋状的。

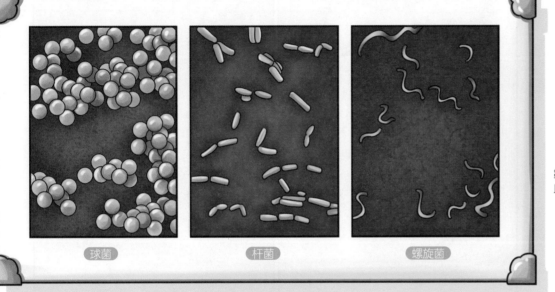

球菌　　杆菌　　螺旋菌

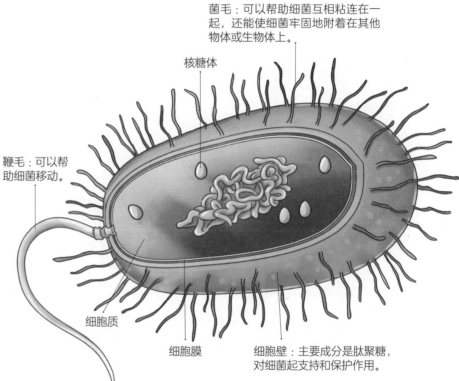

菌毛：可以帮助细菌互相粘连在一起，还能使细菌牢固地附着在其他物体或生物体上。

核糖体

鞭毛：可以帮助细菌移动。

细胞质

细胞膜

细胞壁：主要成分是肽聚糖，对细菌起支持和保护作用。

虽然不同细菌的形状不一样，但都有一个相似的细胞结构。不同于构成动植物的真核细胞，细菌的DNA没有被膜包裹，所以没有细胞核的结构，DNA就散落在细胞质中。细胞质里也没有那么多的细胞器，一般只有核糖体。这种细胞被称为原核细胞，人们认识原核细胞便是从细菌开始的。

有些细菌的细胞壁外还有一层黏稠的糖类物质，称为荚膜，它犹如细菌表面的防护服，帮助细菌抵御不良环境。

51

# 细胞分裂速度：原核细胞 vs 真核细胞
## Cell division rate : Prokaryotic cells vs eukaryotic cells

细菌也是通过细胞分裂来繁殖的吗？

是的，细菌的DNA先复制，然后通过细胞分裂形成两个新的细菌。

真核细胞分裂通常需要20小时左右，细菌的分裂需要多长时间？

有些细菌每20分钟就能分裂一次。

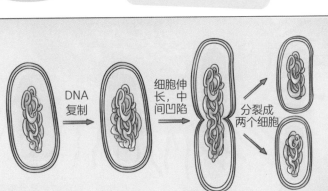

DNA复制 → 细胞伸长，中间凹陷 → 分裂成两个细胞

为什么细菌分裂的速度比真核细胞快这么多呢？

原核细胞

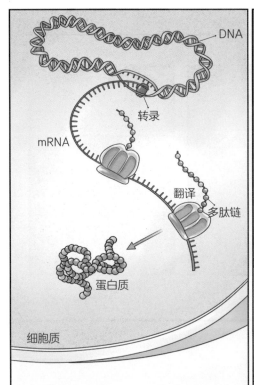

DNA

转录

mRNA

翻译

多肽链

蛋白质

细胞质

真核细胞

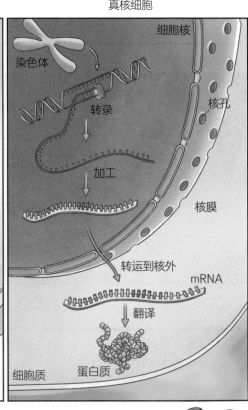

染色体

细胞核

转录

核孔

加工

核膜

转运到核外

mRNA

翻译

蛋白质

细胞质

这和细胞的结构有关。真核细胞的总司令DNA在细胞核内，而细菌的DNA就在细胞质中，细菌的mRNA在DNA双链上转录遗传信息的同时，核糖体就结合上来开始生产蛋白质了，也就是说转录和翻译几乎同时进行，蛋白质的合成速度也就更快，DNA指令的执行效率也就更高，因此，细菌的分裂速度比真核细胞快很多。

# 有益菌和有害菌
## Beneficial bacteria and harmful bacteria

有的细菌对人们的生活产生好的影响，我们称之为有益菌；还有些细菌却会带来不好的影响，我们称之为有害菌。

比如双歧杆菌就是一种有益菌，它们生活在动物的肠道中，并对食物进行分解，刚好有利于动物体的营养吸收。

根瘤菌也是一种有益菌，它们入侵植物后，会在植物根部形成小疙瘩，这些小疙瘩可以将空气中的氮气 ($N_2$) 固定下来，转变成植物可以吸收利用的氨 ($NH_3$)。

有些细菌会产生细菌毒素 (bacterial toxin)，从而导致疾病发生。细菌毒素来自于有害菌，比如白喉杆菌分泌的白喉毒素、金黄色葡萄球菌分泌的溶血毒素，这些都会对生物体造成不同程度的伤害。

感染了有害菌怎么办？别担心，科学家们发现了青霉素、链霉素、头孢菌素等，可以有效地清除有害菌。

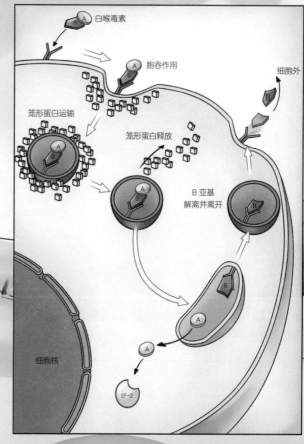

EF-2（elongation factors, EF）：一种蛋白质，它在蛋白质合成时能促进肽链的延伸。

而白喉毒素的 A 亚基正好能改变 EF-2 的分子结构，使它失去原先所具备的功能，导致蛋白质不能正常合成，造成细胞失活。

53

# G⁺ 菌和 G⁻ 菌
## G⁺ and G⁻

丹麦医生革兰（Christian Gram）给细菌进行了另一种分类：

他先将细菌用结晶紫和碘液染色，然后用酒精脱色，再用番红重新染色，结果呈现紫色的细菌称为**革兰氏阳性菌**（以 G⁺ 表示），呈现红色的称为**革兰氏阴性菌**（以 G⁻ 表示）。

革兰氏阳性菌（G⁺）

革兰氏阴性菌（G⁻）

为什么会有这样的结果呢？

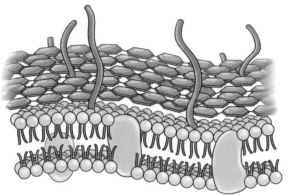

短肽链

侧链

肽聚糖结构

革兰氏阳性菌（G⁺）

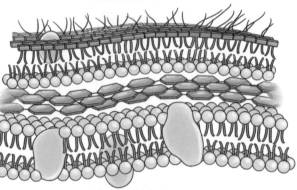

肽聚糖结构

革兰氏阴性菌（G⁻）

原来，结晶紫和碘液进入细胞后会形成结晶紫 - 碘大分子复合物。

革兰氏阳性菌（G⁺）的细胞壁厚，肽聚糖含量高，酒精脱色时，复合物被阻留在细胞壁内，所以呈现紫色。

而革兰氏阴性菌（G⁻）的细胞壁薄，肽聚糖含量较少、结构疏松，酒精脱色时，复合物容易流出细胞壁，细胞又成为无色了，再用番红重新染，就呈现出红色。

如果细菌的细胞壁破了，细菌还能活下去吗？

没了细胞壁的细菌，就像缺少了蛋壳的鸡蛋，会因细胞膜破裂而死亡。

青霉素可以治疗细菌性疾病，就是因为它能破坏细胞壁中肽聚糖里的短肽和侧链的连接，使细菌不能合成完整的细胞壁，最终导致细胞死亡。

青霉素（penicillin）是如何被发现的？

这得从一个叫弗莱明的人开始说起。

1881年，亚历山大·弗莱明（Alexander Fleming）出生于苏格兰艾尔郡，乡间的自然风光陶冶了他自然纯朴的性情，并让他养成了细致地观察大自然的习惯。弗莱明学习勤奋，成绩优异，考上了圣玛丽医学院，毕业后留在圣玛丽医院的预防接种科工作。

1914年7月，第一次世界大战爆发了，在血与火的战场上，受伤的士兵越来越多，看着因伤口被细菌感染而痛苦不堪的士兵们，弗莱明心痛万分，他默默地下定决心——一定要研制出一种阻止伤口感染的药物去解救士兵们。于是他展开了对金黄色葡萄球菌的研究。

1928年9月的一天，弗莱明一边观察葡萄球菌的生长，一边和同事闲谈，他突然发现原本是培养金黄色葡萄球菌的培养皿里都长着青色的霉菌，由于实验过程中多次开启培养皿，因此，他猜测一定是葡萄球菌受到了污染，而且凡是葡萄球菌培养物与青色霉菌接触的地方，葡萄球菌都变得半透明了，这说明葡萄球菌被青色霉菌消灭了。

弗莱明通过反复实验，终于发现是青霉菌分泌的某种物质消灭了葡萄球菌，他给这种物质取名为青霉素。

# 细胞以外的生命形式：病毒
## Life form other than cell : Virus

病毒听起来很可怕，但它却非常小，已知最小的病毒直径约为17纳米，最大的病毒直径约为1000纳米。和细菌不同，病毒没有细胞结构，一般只有作为遗传物质的核酸和包裹遗传物质的蛋白质外壳。

病毒连核糖体都没有，也就没有生产蛋白质的能力。蛋白质是遗传信息的执行者，缺少了执行者的病毒是如何繁殖的呢？

生命自会寻找到出路，病毒找到了一种独特的生存方式，那就是进入别的活细胞中，利用其内的转录和翻译系统，进行自己的遗传物质复制和蛋白质合成，从而繁殖出子代病毒。

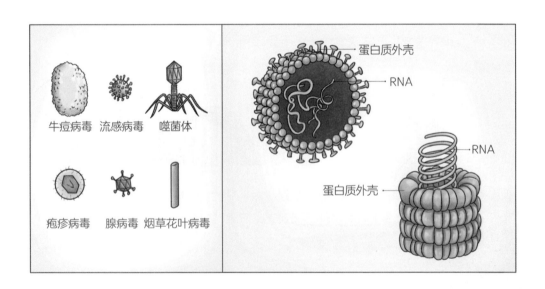

牛痘病毒　流感病毒　噬菌体

疱疹病毒　腺病毒　烟草花叶病毒

蛋白质外壳

RNA

RNA

蛋白质外壳

除了 DNA，病毒还能以 RNA 作为遗传物质，比如流感病毒、艾滋病病毒、埃博拉病毒、SARS 冠状病毒、新型冠状病毒 (COVID-19) 等都是 RNA 病毒。RNA 病毒在进行遗传物质复制时出错率较高，容易发生突变的特质也造就了它们对环境更强的适应性。

1毫米 (mm)=1 000微米 (µm) =1 000 000纳米 (nm)

病毒只能感染其特定的宿主，以细菌为宿主的病毒叫噬菌体（bacteriophage）。

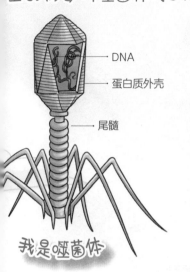

DNA

蛋白质外壳

尾髓

我是噬菌体

噬菌体对活细胞的感染和繁殖，分5步行动：

**第一步**
吸附在细菌表面。

正常分裂。

**第二步**
尾髓插入细菌中，DNA经过尾髓注入细菌内，蛋白质外壳则留在细菌外。

噬菌体 DNA 整合到细菌 DNA 上。

**第五步**
细菌裂解，子代噬菌体被释放出来，又可以去感染其它细菌啦。

**第四步**
复制完成的噬菌体 DNA 和合成好的蛋白质外壳被组装成 子代噬菌体。

细菌 DNA 被降解

**第三步**
噬菌体 DNA 借助细菌的 DNA 复制和蛋白质合成系统复制自己的 DNA 并合成自己的蛋白质外壳。

大多数噬菌体感染细菌后会使细菌裂解，但是有些噬菌体可以跟细菌和平相处，它的 DNA 能和细菌的 DNA 整合在一起，并随着细菌的繁殖而不断复制。转基因植物就是将其它优良基因整合到植物的 DNA 中，这些基因会稳定遗传并赋予植物新的特点，比如抗虫、抗病、高产等。

流感病毒在活细胞
里的繁殖过程：

其他病毒也是像噬
菌体这样繁殖的吗？

大致相同。当病毒感染动
物细胞时，它以胞吞的方式进
入细胞。首先，经溶酶体消化
分解，脱去包裹的膜囊和病毒
的蛋白质外壳；接着，病毒的
核酸进入细胞核并开始复制和
指导蛋白质外壳的合成；最后，
子代病毒组装完成。

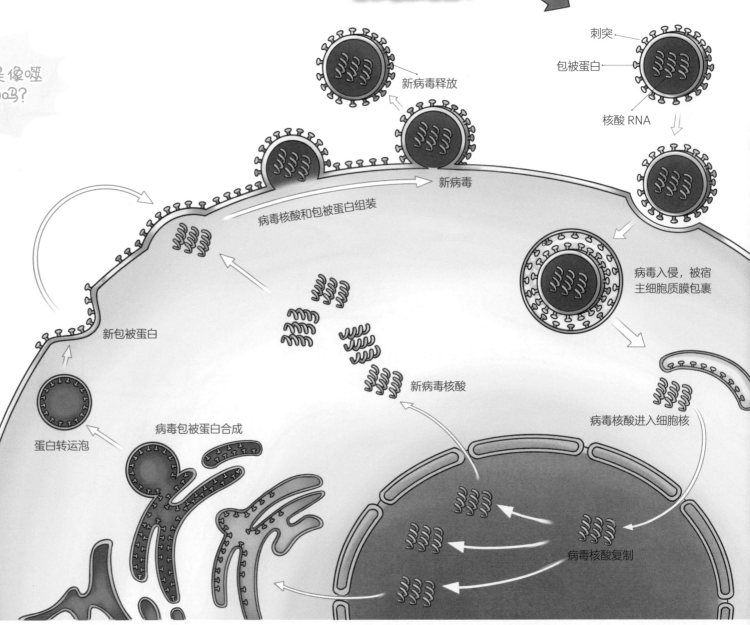

刺突

包被蛋白

核酸 RNA

新病毒释放

新病毒

病毒核酸和包被蛋白组装

病毒入侵，被宿
主细胞质膜包裹

新包被蛋白

新病毒核酸

病毒核酸进入细胞核

蛋白转运泡

病毒包被蛋白合成

病毒核酸复制

# 免疫：守护神
## Immunity：Guardian

被病毒和细菌感染的生物体有防御的办法吗？

在长期的磨合中，生物体形成了有效的防御机制，这种机制称为免疫（immunity）。比如人体对病毒和细菌的防御共设置了三道防线。

皮肤、消化道与呼吸道中的黏膜及其分泌物等构成了第一道防线，皮肤能阻挡住大多数细菌和病毒的入侵。

对于那些入侵到体内的细菌和病毒，我们会有厉害的白细胞去攻击它们，这是人体的第二道防线。

巨噬细胞内富含溶酶体，可以捕捉并吞噬细菌和病毒；中性粒细胞可以吞噬受感染细胞附近的细菌和病毒；自然杀伤细胞可以杀死受到病毒感染的细胞。

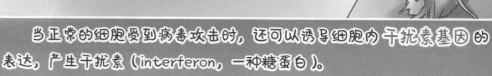

当正常的细胞受到病毒攻击时，还可以诱导细胞内干扰素基因的表达，产生干扰素（interferon，一种糖蛋白）。

干扰素可以引起相邻细胞表达抗病毒蛋白，抗病毒蛋白可以阻止病毒在细胞中的复制和繁殖，从而抵御病毒的侵袭。

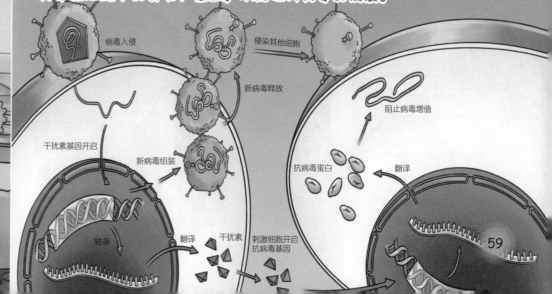

病毒入侵　　侵染其他细胞　　新病毒释放　　阻止病毒增值　　干扰素基因开启　　新病毒组装　　抗病毒蛋白　　翻译　　转录　　翻译　　干扰素　　刺激细胞开启抗病毒基因

59

有些病毒可以突破前两道防线，针对这些病毒，我们必须进行一对一的防护，比如儿童预防接种就是为了获得这种防护，这是防御的**第三道防线**。

弱化或灭活的细菌和病毒（疫苗）不足以致病，当第一次侵入生物体后，B 细胞能合成出对应的抗体蛋白，对这些病原体进行清除。同时部分 B 细胞带着记忆潜伏下来，当上述细菌或病毒再次入侵时，有记忆的 B 细胞会马上收到信号，激活增生，表达出更多的抗体蛋白去识别并消灭这些入侵者。

免疫就像守护神一样，守护着生命小世界的平安。

免疫系统还能产生 **T 细胞**，直接与入侵者战斗，发挥最大**战斗力**，全力保护健康细胞，这个过程就像奥特曼变身一样帅气十足。

小小探再次变成小飞碟，载着他俩回到太空飞船，

轰隆隆——轰隆隆——喂

他们向遥远的月球飞去。

此时的夜空中，繁星闪烁，两个外星小朋友在月球上玩耍，

哪颗星星是他们的家园呢？

63

**内容提要**

　　本书按照生命进化的规律，用漫画风格展现了原子、分子、细胞微观世界的结构以及运行机制，并详细讲解了生活中频现的生命科学词汇，比如基因、核酸、蛋白质、细胞、细菌、病毒等，内容由浅入深，循序渐进，适合对生命科学有兴趣的青少年阅读。希冀这些启蒙内容能带动孩子们的奇思妙想以促进人类对生命科学基础研究的发展。

**图书在版编目（CIP）数据**

　　生命的小世界 / 熊凡，陈星桃，宋文雯著. — 上海：
上海交通大学出版社，2022.7
　　ISBN 978-7-313-26599-9

　　Ⅰ.①生… Ⅱ.①熊…②陈…③宋… Ⅲ.①生命起
源-儿童读物 Ⅳ.①Q10-49

　　中国版本图书馆CIP数据核字〔2022〕第017464号


**生命的小世界**
**SHENGMING DI XIAO SHIJIE**

| | | | |
|---|---|---|---|
| 著　　者： | 熊　凡　陈星桃　宋文雯 | | |
| 出版发行： | 上海交通大学出版社 | 地　　址： | 上海市番禺路951号 |
| 邮政编码： | 200030 | 电　　话： | 021-64071208 |
| 印　　制： | 上海锦佳印刷有限公司 | 经　　销： | 全国新华书店 |
| 开　　本： | 890mm×1240mm　1/16 | 印　　张： | 4.75 |
| 字　　数： | 53千字 | | |
| 版　　次： | 2022年7月第1版 | 印　　次： | 2022年7月第1次印刷 |
| 书　　号： | ISBN 978-7-313-26599-9 | | |
| 定　　价： | 58.00元 | | |